3D视觉大发现

肉眼看不见的小宇宙

匈牙利格拉夫－阿特出版公司/著绘　余荃/译

中原出版传媒集团
中原传媒股份公司
大象出版社
·郑州·

图书在版编目（CIP）数据

肉眼看不见的小宇宙 / 匈牙利格拉夫 – 阿特出版公司
著绘 ; 余荃译 . — 郑州 : 大象出版社 , 2019.12
ISBN 978-7-5711-0381-1

Ⅰ . ①肉… Ⅱ . ①匈… ②余… Ⅲ . ①微生物 – 少儿
读物 Ⅳ . ① Q939-49

中国版本图书馆 CIP 数据核字（2019）第 234630 号

©Graph-Art, 2016
Micro World
Written by Bagoly Ilona
Illustrations :
Farkas Rudolf, Kovács Péter, Mart Tamás, Nagy Attila, Ujvárosi László
The simplified Chinese translation rights arranged through Rightol Media
Email:copyright@rightol.com
豫著许可备字 –2019-A-0100

肉眼看不见的小宇宙
ROUYAN KANBUJIAN DE XIAO YUZHOU

匈牙利格拉夫 – 阿特出版公司 著绘   余 荃 译

出 版 人	王刘纯
策　　划	王兆阳
特邀策划	张 萍
责任编辑	宋 伟
特约编辑	连俊超
责任校对	安德华
封面设计	徐胜男

出版发行　大象出版社（郑州市郑东新区祥盛街 27 号　邮政编码 450016）
　　　　　发行科　0371-63863551　总编室　0371-65597936
网　　址　www.daxiang.cn
印　　刷　深圳当纳利印刷有限公司
经　　销　各地新华书店经销
开　　本　889 mm×1194 mm　1/16
印　　张　4
字　　数　188 千字
版　　次　2019 年 12 月第 1 版　2019 年 12 月第 1 次印刷
定　　价　29.80 元
若发现印、装质量问题，影响阅读，请与承印厂联系调换。
印厂地址　深圳市坂田工业区五和大道 47 号
邮政编码　518129　　电话　0755-84190499

目录 CONTENTS

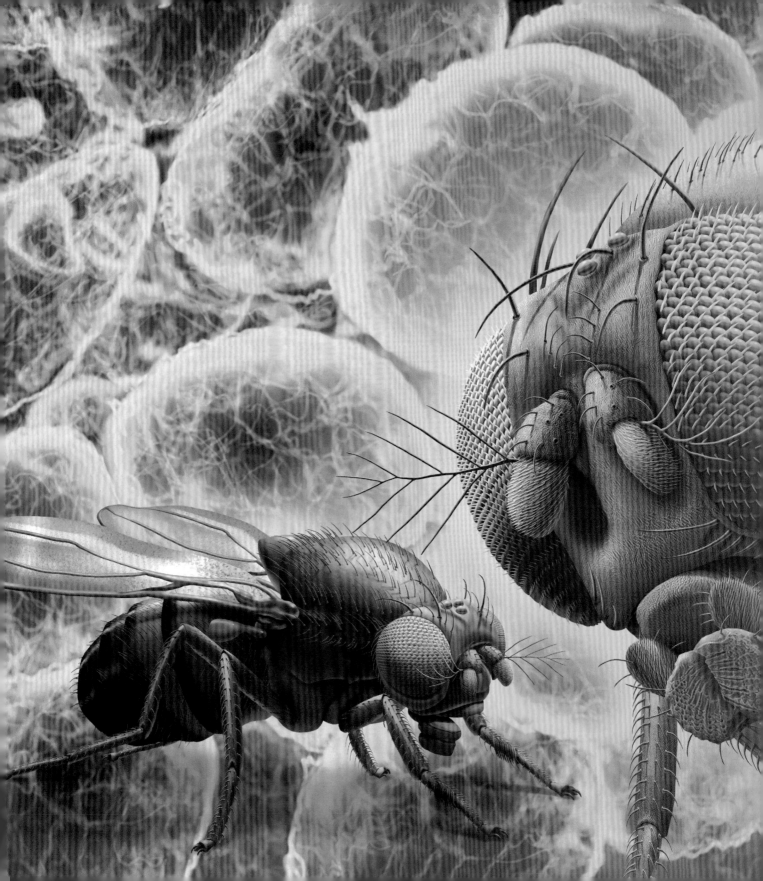

　　你知道吗？我们生活在一个遍布微生物的世界。埃及金字塔中致命的"法老的诅咒"，其实是某些历经千年仍然存活的真菌孢子；地球上生命力最强的动物是微小的水熊虫，它可以承受极寒、高压、高辐射，甚至可以在真空中存活；微型昆虫柄翅卵蜂长得像传说中的小仙子，体长仅约0.2毫米……大自然丰富得令人惊叹，数以百万计的生物种类都以地球为家，其中的一些能够被我们的肉眼观察到，还有许多尽管生活在我们周围，我们却"视而不见"。这肉眼看不到的"小宇宙"，它们究竟隐藏着怎样的秘密？假如没有微生物，人类可以活得更好吗？

　　快戴上3D眼镜，和我们一起开始揭秘微生物的发现之旅吧！

显微镜下的小宇宙

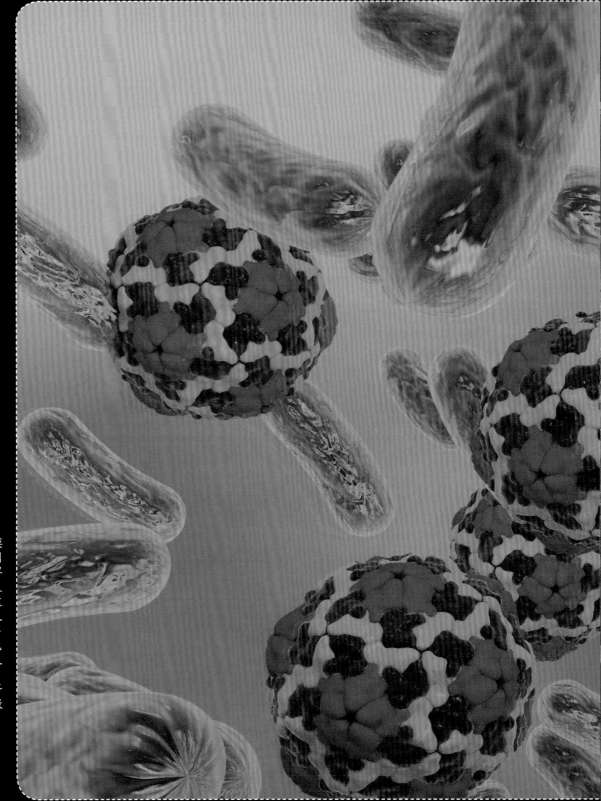

在19世纪中叶之前，人类始终没能找出大规模流行病暴发的原因，不明白夏天的食物为什么坏得那么快，不明白牛奶放久了为什么会变酸。造成这些结果的原因就是微生物。微生物极小，绝大多数个体要用显微镜甚至电子显微镜才能看见。微生物无处不在，空气、水、土壤中都有细菌、病毒等微生物。本页插图为显微镜下的A型肝炎病毒。

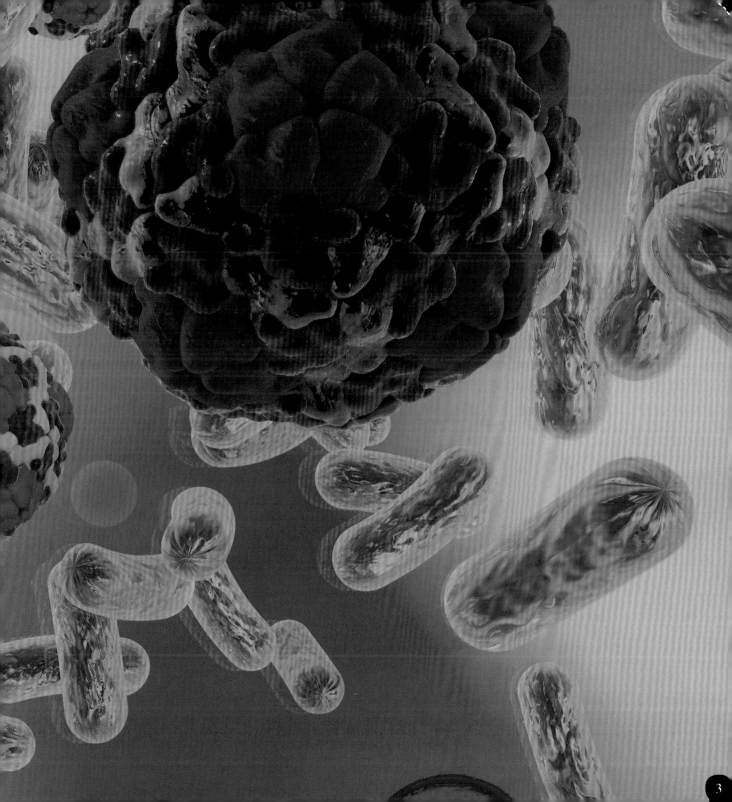

发现隐秘世界

透镜的世界

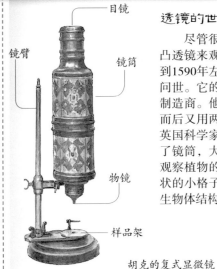

目镜

镜臂

镜筒

物镜

样品架

胡克的复式显微镜
可以用油灯作为光源。

尽管很早以前人们就开始使用装配在架子上的凸透镜来观察那些肉眼不易看清的微小事物，但直到1590年左右，第一台真正意义上的显微镜才宣告问世。它的发明者是荷兰人詹森父子，他们是眼镜制造商。他们用一个透镜制作了一台简易显微镜，而后又用两个透镜制作了一台复式显微镜。后来，英国科学家罗伯特·胡克又在显微镜的支架上加装了镜筒，大大方便了手持操作。胡克在利用显微镜观察植物的外皮和其他部分的切片时，发现了蜂窝状的小格子，他将其称为"细胞"。这些细胞就是生物体结构和功能的基本单位。

铁线莲根部横截面上的每一个空腔都是一个细胞。

利用可见光作为光源的复式显微镜称为光学显微镜。现代光学显微镜还配备了可旋转的转换器，物镜侧面标注着放大倍率。目前，一般的光学显微镜的放大倍率是1000倍，电子扫描显微镜的放大倍率可达到20万倍，透射电子显微镜的放大倍率高达百万倍。

40纳米 1微米

《显微图谱》

1665年，罗伯特·胡克将自己用显微镜观察到的事物编撰成书，出版了著作《显微图谱》。书中不仅描述了他所看到的微观世界景象，还辅以图画。比如，书中绘制的跳蚤的图像，给读者带来了强烈的震撼，甚至吓晕了一些女性读者。

病毒

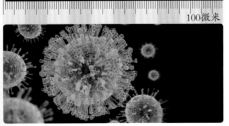

100微米

病毒没有细胞结构，但有遗传、变异等生命特征。病毒的大小需以纳米为单位进行测量。例如，蚊子所携带的寨卡病毒的直径只有40纳米。

细菌

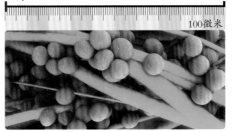

100微米

细菌是单细胞原核微生物，需要用显微镜才能看见。金黄色葡萄球菌的直径只有1微米，它们常常像葡萄串一样连在一起。

眼虫

100微米

眼虫是单细胞真核生物，属鞭毛纲（鞭子状的微生物），长度为1~150微米。水中的螺纹眼虫长度约为100微米。

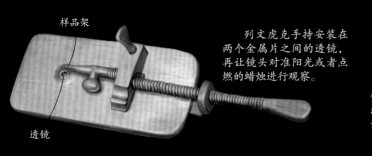

样品架

透镜

列文虎克手持安装在两个金属片之间的透镜，再让镜头对准阳光或者点燃的蜡烛进行观察。

在17世纪和18世纪，显微镜还只是贵族阶层的消遣之物，贵族们热衷于用它来观察诸如昆虫等微小生物。

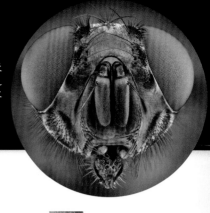

爱好广泛的博物学家

安东尼·冯·列文虎克是微生物学的开拓者。虽然他所使用的简易手持显微镜只配备了一只透镜，但磨制得非常好，放大倍率最高可达270倍。取湖水为样本，列文虎克发现一滴湖水中竟然含有大量的微小生物——鞭毛虫、轮状生物以及有孔虫。除此之外，他还用显微镜观察了甲壳虫的眼睛及人类精子，并首次发现了血液中的圆饼状微小细胞，也就是今天我们熟知的红细胞。

安东尼·冯·列文虎克

1微米(μm)=1000纳米(nm)
1毫米(mm)=1000微米
1厘米(cm)=10毫米

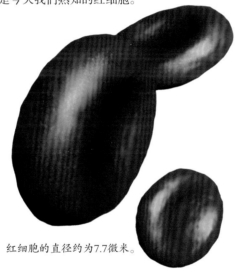

红细胞的直径约为7.7微米。

图中所示的早期光学显微镜发明于17世纪，它的外形已经十分接近现代显微镜了。

尘螨

10毫米

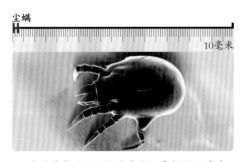

尘螨是肉眼不可见的生物，身长约0.3毫米。

线虫

10毫米

线虫类生物微小而通体透明，可以用显微镜对其进行观察。秀丽隐杆线虫身长通常约1毫米，以细菌为食。

水蚤

10毫米

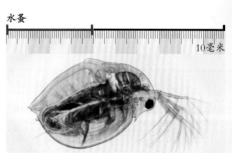

水蚤身体呈半透明状，身长1~6毫米，在水中活动时我们很难发现。一只4毫米长的水蚤是寨卡病毒的10万倍大。

找寻细菌的踪迹

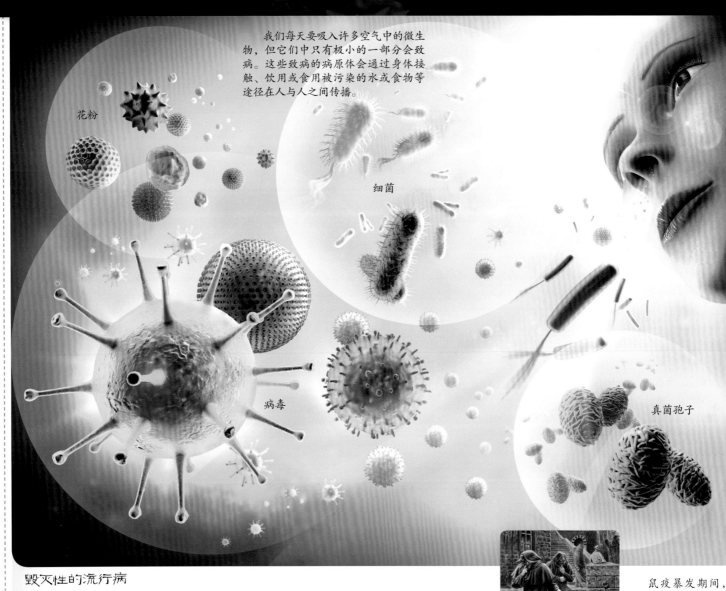

我们每天要吸入许多空气中的微生物，但它们中只有极小的一部分会致病。这些致病的病原体会通过身体接触、饮用或食用被污染的水或食物等途径在人与人之间传播。

花粉

细菌

病毒

真菌孢子

鼠疫暴发期间，生要穿戴防护衣物：套、护目镜和"鸟嘴"面罩（"鸟嘴"中塞草药）。当时大家为，草药的气味会保医生不被感染。

毁灭性的流行病

尽管如今流感疫情仍会给人类健康带来威胁，但防护措施、治疗措施已逐渐成熟。然而，几个世纪以前，许多传染病（如鼠疫、霍乱、天花以及结核病等）一旦暴发，就无法有效控制。14世纪四五十年代，鼠疫（又称"黑死病"）致使欧洲数千万人死亡，几乎占当时欧洲人口的三分之一。当时的人们尽管不能治愈感染者，但已经意识到必须将染病的患者隔离，才能阻止疫情进一步蔓延。因此，染病的患者会被送到隔离所，严密监控40天左右。

产褥热是由细菌感染引起的。伊格纳兹·塞麦尔维斯实行严格的消毒液洗手措施，有效地控制了病菌传染。

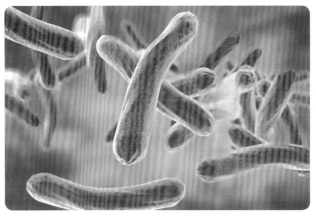

鼠疫是由鼠疫杆菌引发的疾病，啮齿类动物（主要是鼠类）身上的寄生蚤会传播这种病菌。

引起结核病的病原菌是结核分枝杆菌。

预防感染

19世纪上半叶，有些医生已经意识到，某些疾病可能是由肉眼看不见的微生物引发的，伊格纳兹·塞麦尔维斯就是这些先锋医生中的一员。1847年，塞麦尔维斯发现在医院分娩的妇女罹患产褥热的比例非常高，而导致这一疾病的罪魁祸首就是做手术前没洗干净手的医生。为了减少病死率，塞麦尔维斯采用了术前用加氯气的水洗手消毒的方法。当时，许多人都怀疑这一方法。1865年，约瑟夫·李斯特成功实现了用石炭酸进行灭菌杀毒，防止感染。他不仅在每项手术前认真洗手，而且还会对医疗设备、空气、手术器械及绷带进行彻底消毒。

细菌学之父

随着科学的发展和进步，19世纪最后30年里，人类已经能鉴别病原体（首先是细菌，然后是病毒）了。这一领域的先驱是德国医生罗伯特·科赫。1876年，科赫发现了牛炭疽病的致病菌。1882年，科赫在实验室鉴定并培养出了结核分枝杆菌，这一突破性的进展为他进一步阐释结核病的致病原因提供了有力支撑。

病毒攻击

病毒的体积远远小于细菌，因此，人们发现它的时间也较晚。1902年，美国军医沃尔特·里德发现了第一种致病病毒，即黄热病病毒。病毒不能自我繁殖，只能寄生于宿主细胞中。人在感染流感病毒之后，细胞会发生如下变化。

1.病毒寄生于宿主细胞表面，并侵入细胞内部。

2.病毒的蛋白质外壳分解，其遗传物质（即RNA）被释放出来。

3.病毒的遗传物质（RNA）与宿主的遗传物质相融合并开始复制。

4.新病毒的遗传物质（RNA）周围形成一层新的蛋白质外壳。

5.新病毒离开宿主细胞。

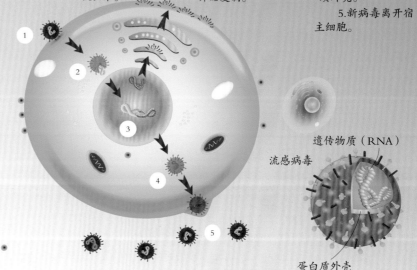

遗传物质（RNA）

流感病毒

蛋白质外壳

7

病毒无法进行自我复制。为了繁衍，它们会"改编"宿主细胞中的遗传物质。它们不仅利用宿主的细胞材料复制自己的遗传物质（DNA或RNA），还形成了新的蛋白质外壳。病毒攻击的对象很多，人、动物、植物、真菌和细菌都有可能被它感染。

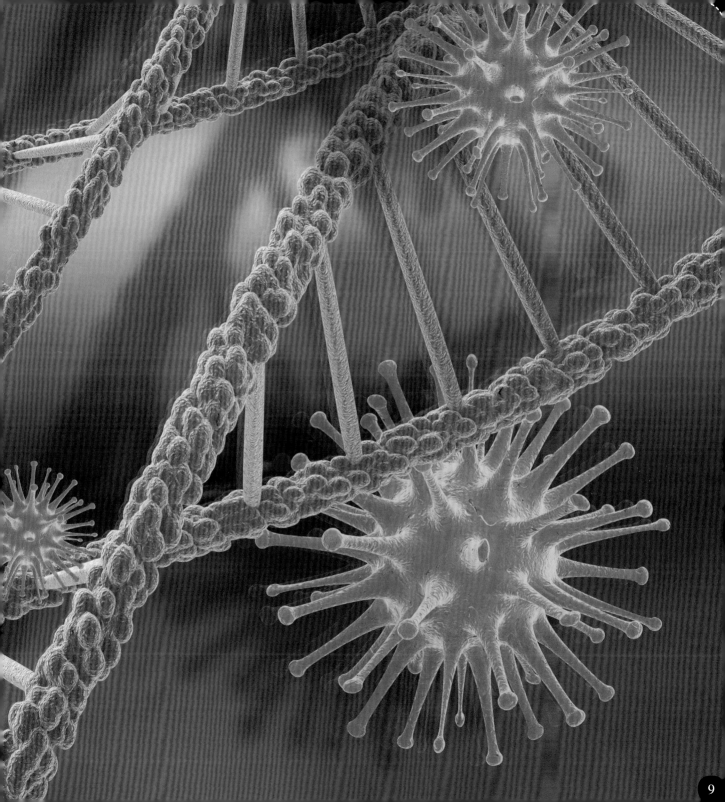

无处不在的细菌

食物的制造者

并不是所有的细菌都是致病菌，大部分细菌是有益的。比如，牛奶凝结变成凝乳和乳清，就是空气中的乳酸菌进入牛奶中的结果。乳酸菌以牛奶中丰富的天然糖分为养料，并将糖分转化为能够让牛奶发酵的乳酸。乳品加工厂就是根据上述原理，在牛奶中添加乳酸菌发酵剂，去生产各种各样的发酵乳制品，如酸奶、酸乳、酸奶油、奶油和奶酪等。酸菜和肉类制品，如意大利腊肠和香肠等，也是用乳酸菌发酵的方法制成的，但制作这些食品时，还需要在纯乳酸菌中添加别的有益菌。

巴氏灭菌法

19世纪五六十年代，法国化学家路易斯·巴斯德研究了发酵和腐烂的过程。他不仅发现发酵和腐烂均是由肉眼看不见的微生物引起的，还发现了防止食物腐败变坏的方法。他发明了一种将液体加热到一定温度灭菌的方法，后世称为巴氏灭菌法。

路易斯·巴斯德

不同形态的细菌

细菌的形态主要有球状、杆状和螺旋状。细菌有的单个出现，也有的成对或成组（比如因簇状或链状）出现。

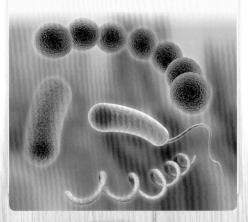

生产乳制品等发酵食品时，除了乳酸菌，还要加入其他细菌和真菌。

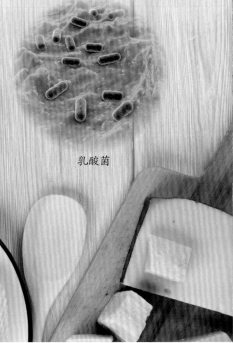

乳酸菌

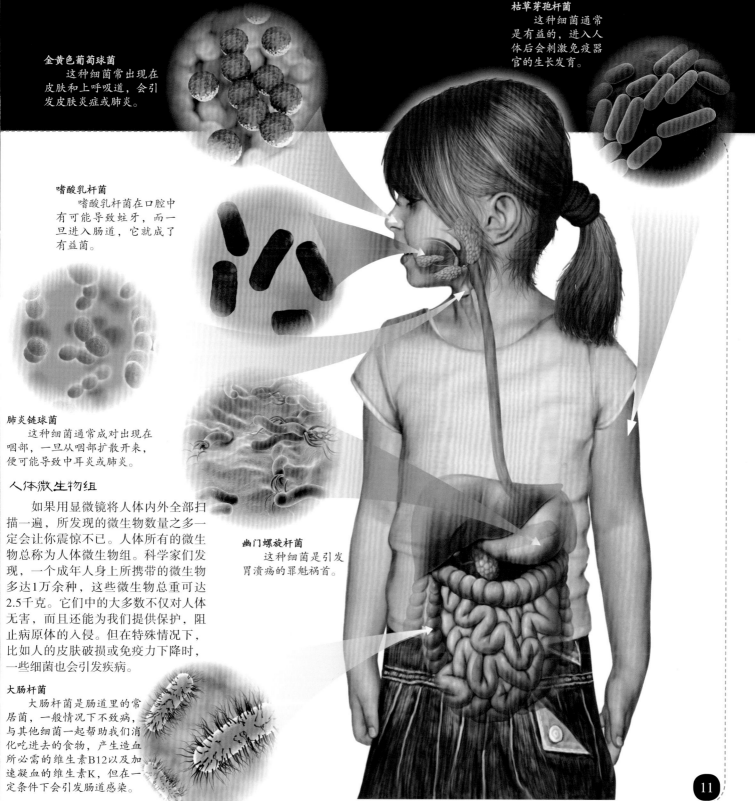

金黄色葡萄球菌
这种细菌常出现在皮肤和上呼吸道，会引发皮肤炎症或肺炎。

枯草芽孢杆菌
这种细菌通常是有益的，进入人体后会刺激免疫器官的生长发育。

嗜酸乳杆菌
嗜酸乳杆菌在口腔中有可能导致蛀牙，而一旦进入肠道，它就成了有益菌。

肺炎链球菌
这种细菌通常成对出现在咽部，一旦从咽部扩散开来，便可能导致中耳炎或肺炎。

人体微生物组

如果用显微镜将人体内外全部扫描一遍，所发现的微生物数量之多一定会让你震惊不已。人体所有的微生物总称为人体微生物组。科学家们发现，一个成年人身上所携带的微生物多达1万余种，这些微生物总重可达2.5千克。它们中的大多数不仅对人体无害，而且还能为我们提供保护，阻止病原体的入侵。但在特殊情况下，比如人的皮肤破损或免疫力下降时，一些细菌也会引发疾病。

幽门螺旋杆菌
这种细菌是引发胃溃疡的罪魁祸首。

大肠杆菌
大肠杆菌是肠道里的常居菌，一般情况下不致病，与其他细菌一起帮助我们消化吃进去的食物，产生造血所必需的维生素B12以及加速凝血的维生素K，但在一定条件下会引发肠道感染。

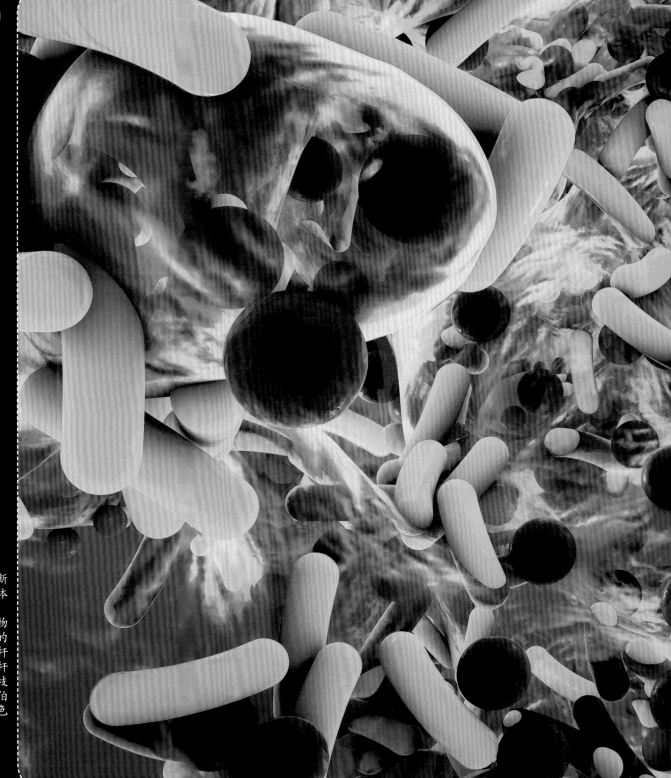

细菌不断地附着在人体肠道黏膜上，最终形成生物膜。肠道中的细菌有大肠杆菌、绿脓杆菌、结核分枝杆菌、克雷伯氏菌、金黄色葡萄球菌等。

原核生物与真核生物

　　病毒没有细胞结构，细菌则是一种非常古老的单细胞生物，即原核生物。原核生物与真核生物最为显著的区别在于是否拥有细胞核。也就是说，原核生物的细胞遗传物质（DNA）是在细胞质中自由浮动的。真核生物的细胞结构比原核生物复杂，它不仅拥有封闭的细胞核，还有一些其他的细胞器。

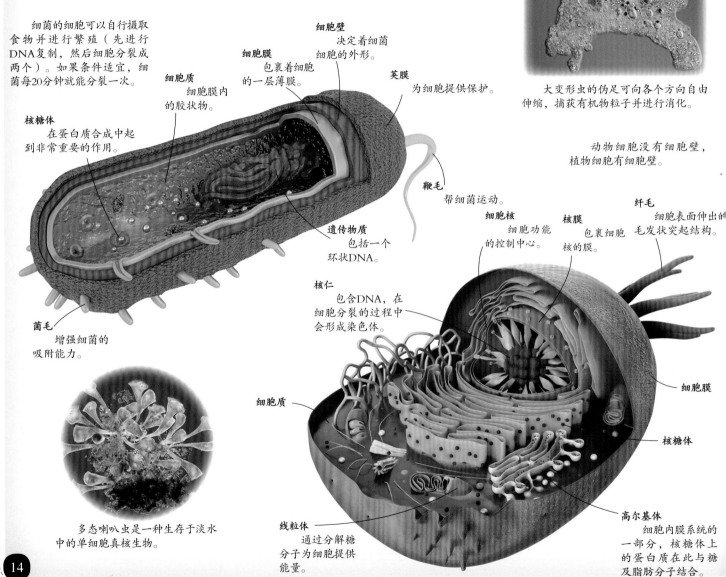

　　细菌的细胞可以自行摄取食物并进行繁殖（先进行DNA复制，然后细胞分裂成两个）。如果条件适宜，细菌每20分钟就能分裂一次。

细胞质
细胞膜内的胶状物。

细胞膜
包裹着细胞的一层薄膜。

细胞壁
决定着细菌细胞的外形。

荚膜
为细胞提供保护。

核糖体
在蛋白质合成中起到非常重要的作用。

鞭毛
帮细菌运动。

遗传物质
包括一个环状DNA。

菌毛
增强细菌的吸附能力。

大变形虫的伪足可向各个方向自由伸缩，捕获有机物粒子并进行消化。

动物细胞没有细胞壁，植物细胞有细胞壁。

细胞核
细胞功能的控制中心。

核膜
包裹细胞核的膜。

纤毛
细胞表面伸出的毛发状突起结构。

核仁
包含DNA，在细胞分裂的过程中会形成染色体。

细胞膜

细胞质

核糖体

高尔基体
细胞内膜系统的一部分，核糖体上的蛋白质在此与糖及脂肪分子结合。

线粒体
通过分解糖分子为细胞提供能量。

多态喇叭虫是一种生存于淡水中的单细胞真核生物。

草履虫和它的近亲们

已知的单细胞生物里最典型的要数绿眼虫、变形虫和草履虫了。这些水生生物长有帮助运动的（鞭毛、伪足或纤毛）、消化食物的（液泡）以及排泄的（收缩泡）细胞器。绿眼虫还含有大量能够进行光合作用的叶绿体。

草履虫的纤毛相互协调地摆动，以便在水中自由移动。绿眼虫可以用它的眼点（图中的红色部分）感知光线，甩动鞭毛向光源游动。

约50微米长、带鞭毛的人类精子与直径约500微米的卵细胞结合，然后将持续分裂成一个拥有数十万亿细胞的人体。

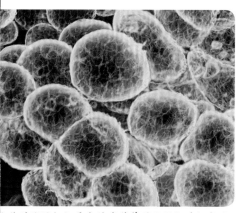

人体的脂肪组织是由储存营养的脂肪细胞组成的。

巨蚌蚌壳边缘的颜色由与之共生的单细胞藻类（虫黄藻）的颜色决定。

植物、动物和真菌

多细胞真核生物由许多功能不同的细胞组成。植物细胞中有叶绿素，能用二氧化碳和水进行光合作用——将无机物转化为有机物；动物本身就是以有机物为食的；真菌虽然也以有机物为食，但其细胞比动物细胞多了细胞壁。大多数动植物都可以用肉眼看到，但要观察它们的细胞，我们只能借助显微镜。

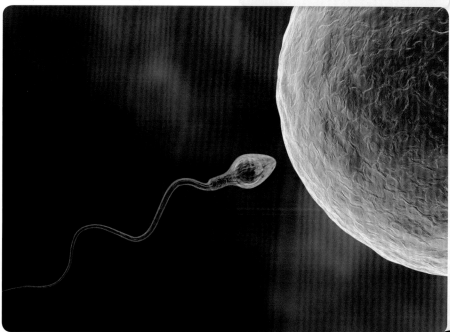

多细胞生物的微型代表是生活在淡水中、通体透明的浮游动物。阳光照射在水中，它们那透明的皮肤仿佛让自己在强大的捕食者面前隐形了。这些透明的生物以同类为食，繁殖方法也与众不同。

A　淡水水母捕猎时会用触手上的刺丝囊攻击和麻痹猎物（图中所示的普通水蚤），再把猎物送入"伞帽"下方中心部位的口中。

B　体长约10毫米的猎食者透明薄皮溞用篮子一样的触手抓住它的猎物僧帽溞，并用另外两条形如船桨的附肢在水中游动。

C　水蚤（包括体长约3毫米的僧帽溞）繁殖时会将卵随身带在育儿袋中，直到幼水蚤孵化出来，离开母体独立生活。

D　淡水水母的繁殖方式是世代交替的，包括水螅体和水母体两种形态。即雌雄水母的精子与卵子结合后发育成水螅体，水螅体再以无性生殖的方式产生水母体。约2毫米长的水螅体通常是附着于其他物体生长的。

E　长约2毫米的桡足类动物用它发达的触角在水中游动，处于繁殖期的桡足类动物会将卵放置在它分叉的尾部。

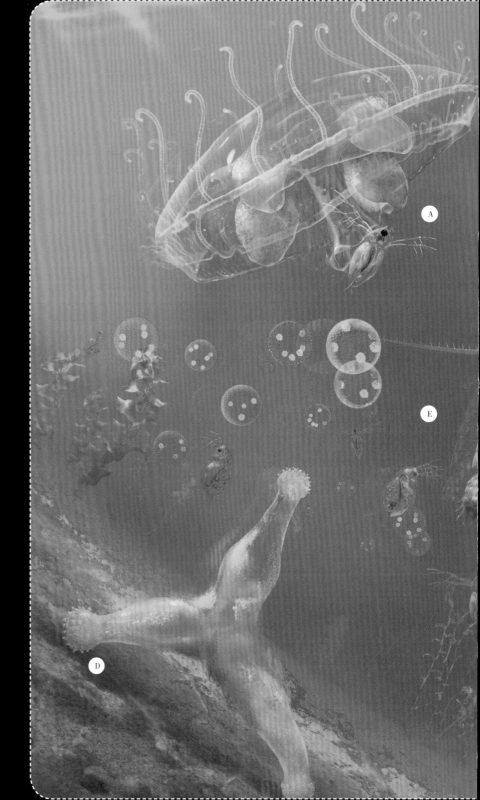

真菌王国

酵母菌分解面团中的糖分，排出二氧化碳，使面团膨胀。

可见与不可见

真菌生活在自己的王国里——和植物细胞一样，真菌细胞也有细胞壁，但其细胞壁中含几丁质（类似甲壳类昆虫的外壳）。和动物细胞一样，真菌细胞也以有机物为食。它能够将有机物在细胞壁外进行分解并吸收其营养。真菌是由菌丝长成的。在温暖潮湿的环境中，土壤中的菌丝就会破土而出，在地面上长出子实体，但人的肉眼看不到菌丝，同样也无法看见真菌的孢子——真菌就是依靠孢子繁殖的。

部分高等真菌的子实体进化得相当完备，比如蘑菇的孢子就隐藏在菌盖下面。菌盖下面有许多可以储藏孢子的担子，每一个担子中一般生有4个孢子，将孢子喷射出去后，真菌就完成了繁殖过程。

示敌示友

有的真菌以死亡的动物为食，有的真菌则寄生在植物、动物甚至人类的身上。例如寄生于植物中的白粉菌、葡萄霜霉病菌，引发人类足癣的红色毛癣菌，攻击胃肠道和生殖系统的白色念珠菌。有些真菌是有益的。酵母在食品工业中被用于生产酸乳、乳酪、面包、啤酒和葡萄酒。食用菌，如蘑菇等是人类食谱的重要组成部分。

玉米黑粉菌多附着在抽穗后的玉米上，是导致玉米黑粉病的元凶。但在墨西哥，未成熟的玉米黑粉菌是人们餐桌上的一道美味佳肴，被称为墨西哥松露。

孢子

担子

子实体

子实体

菌丝

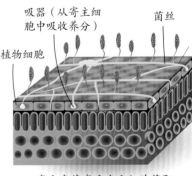

吸器（从寄主细胞中吸收养分）

菌丝

植物细胞

寄生真菌穿透宿主细胞获取营养，这有可能导致宿主死亡。

18

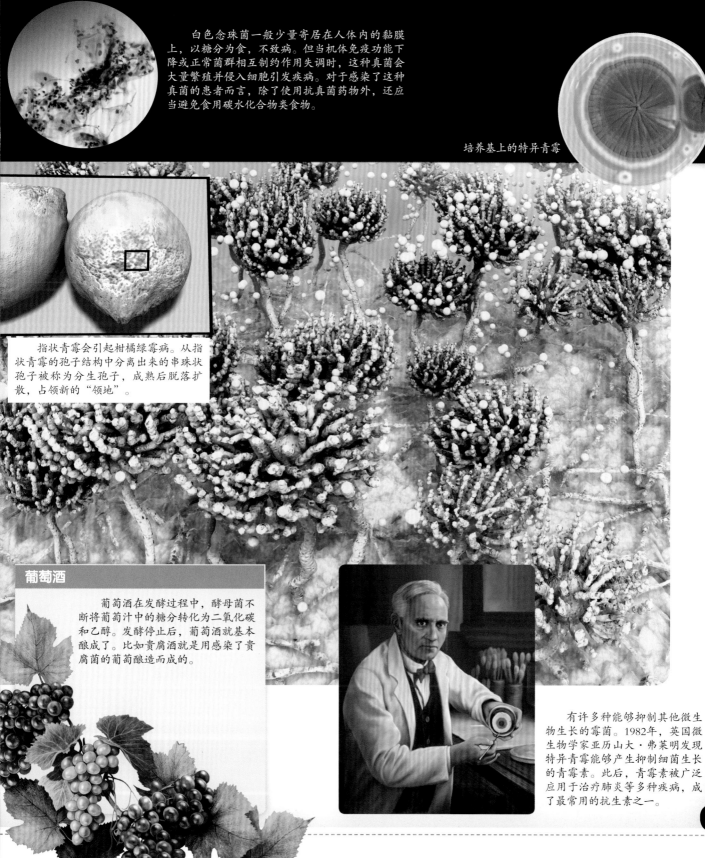

白色念珠菌一般少量寄居在人体内的黏膜上，以糖分为食，不致病。但当机体免疫功能下降或正常菌群相互制约作用失调时，这种真菌会大量繁殖并侵入细胞引发疾病。对于感染了这种真菌的患者而言，除了使用抗真菌药物外，还应当避免食用碳水化合物类食物。

培养基上的特异青霉

指状青霉会引起柑橘绿霉病。从指状青霉的孢子结构中分离出来的串珠状孢子被称为分生孢子，成熟后脱落扩散，占领新的"领地"。

葡萄酒

葡萄酒在发酵过程中，酵母菌不断将葡萄汁中的糖分转化为二氧化碳和乙醇。发酵停止后，葡萄酒就基本酿成了。比如贵腐酒就是用感染了贵腐菌的葡萄酿造而成的。

有许多种能够抑制其他微生物生长的霉菌。1982年，英国微生物学家亚历山大·弗莱明发现特异青霉能够产生抑制细菌生长的青霉素。此后，青霉素被广泛应用于治疗肺炎等多种疾病，成了最常用的抗生素之一。

19

房间里的不速之客

房子里到处都是微生物，有些在储藏室，有些则藏身于浴室、家具软垫甚至是我们的身体里。站在公园的悬铃木下，很少有人会想到这棵树是某些昆虫的家园。但事实是，许多群居的昆虫，就是靠这棵树分泌的汁液生存的。

A　约4毫米长的蜡蝉若虫会分泌一种棉絮状蜡质物，将其涂抹于全身和所寄生的树叶表面，用来保护自己。

B　约3毫米长的悬铃木方翅网蝽将口器刺入叶脉，吸食叶片汁液。

C　长4~7毫米的蜡蝉成虫，其危害植物的方式与若虫相同。

D　长约0.24毫米的梨圆蚧幼虫。

E　几小时之后，梨圆蚧幼虫就会找到一个合适的地点作为寄宿之所，并分泌白色蜡质物形成介壳，然后躲在里面吸食树的汁液。

F　几天之后，梨圆蚧幼虫的介壳变黑，雌雄成虫的不同形态开始显现，雌虫介壳偏圆，雄虫介壳则偏长。

G　交配后，身长1.5~2毫米的梨圆蚧雌虫就会在介壳下产卵。

H　长约0.6毫米的梨圆蚧雄性成虫有翅膀，可以自由飞行。

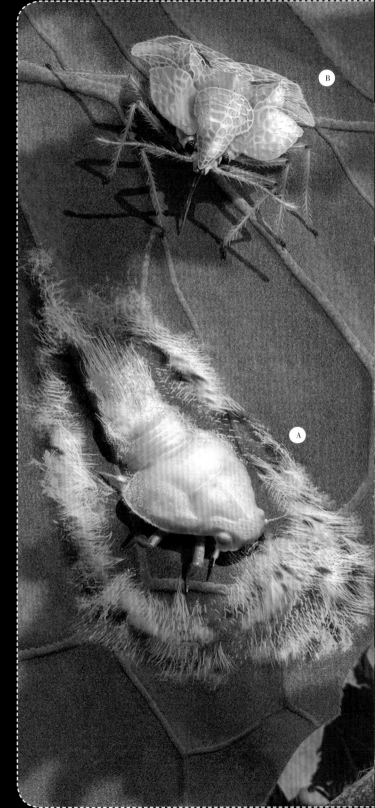

21

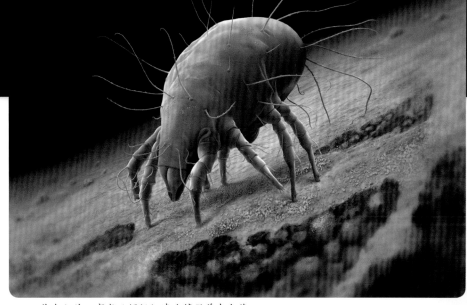

食物链

由于卫生条件的逐步改善，如今我们接触到被病原体污染的食物和水的概率已经大大降低了。最常见的食物中毒就是感染了肠炎沙门氏菌。但被食物吸引的不只是微生物，还有果蝇。从春天到秋天，餐桌上成熟或腐烂发酵的水果散发出的味道，始终吸引着果蝇。这种小昆虫似乎是凭空出现的。然而，这些不请自来的客人，早在它们还是蝇卵的时候，就已经附着在水果上了。一旦温度超过25℃，果蝇卵就会在10天内孵化并长大，它们用口器吸食植物汁液、含糖液体（如葡萄汁）等。

售卖之前，商家必须仔细清除掉附着在米莫雷特奶酪外皮上的长0.4~0.5毫米的奶酪螨。

美味的奶酪

存储时间较长的奶酪、谷物和面粉，很容易滋生奶酪螨和粉螨。螨虫蛀食后会使奶酪变成粉末，口感变差。但是，德国有一种螨虫奶酪，其独特的风味却是奶酪螨的功劳。在奶酪上撒上黑麦粉并放置3个月，在此期间，在黑麦粉中的螨虫的唾液会渗入奶酪皮，给奶酪带来一种不同寻常的风味。除此之外，法国米莫雷特奶酪的独特味道，也有粉螨的一份功劳。

米莫雷特奶酪

果蝇的食谱中，既有餐桌上的果酱和糖浆，也包括垃圾桶里的蔬菜和水果。秋天葡萄丰收的时候，它们还会成群结队地在果园和酒窖里找寻美食。

鞭毛寄生虫

好奇的博物学家安东尼·冯·列文虎克曾经用显微镜观察过自己腹泻时排出的大便。显微镜下，他看到了一些微小的、梨形的、靠鞭毛移动的单细胞生物——贾第虫。如果人们饮用了含有贾第虫的水，贾第虫就会侵入人体，附着在人体的小肠壁上，导致腹胀、吸收不良和腹泻。

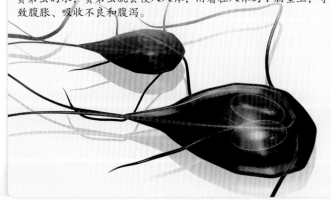

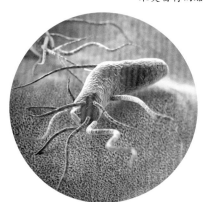

如果人们摄入了被肠炎沙门氏菌感染了的鸡蛋、牛奶或肉食品，就会出现食物中毒的症状，如腹泻和呕吐。这是由聚集在小肠壁上的沙门氏菌所释放的毒素引起的。

23

入侵者

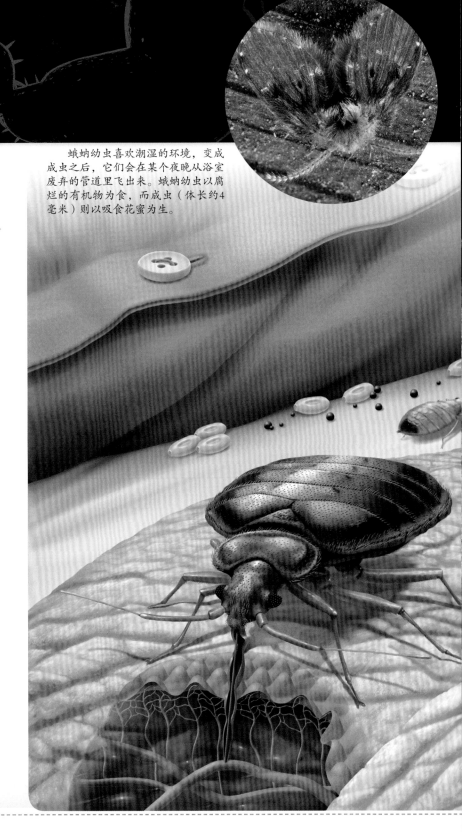

蛾蚋幼虫喜欢潮湿的环境，变成成虫之后，它们会在某个夜晚从浴室废弃的管道里飞出来。蛾蚋幼虫以腐烂的有机物为食，而成虫（体长约4毫米）则以吸食花蜜为生。

蠹鱼喜欢栖居在湿度较高的房间里。出生后半年到一年，它们才能长成能够繁育后代的性成熟个体，寿命可达7年。

不期而至的客人

家里总是会出现一些不请自来的小动物，有一些体型较大，比如多足类动物，在显微镜下看起来就像巨型怪物。其中一种夜行动物是蚰蜒，侵入我们房子里面，到处寻找食物，捕捉昆虫。而另一些多足类动物则是进来寻找安全过冬的场所的。天黑后，打开厨房、浴室或厕所的灯，你甚至还能发现蠹鱼。这些害虫行动敏捷，白天藏在犄角旮旯的各种缝隙中，夜幕降临后纷纷出动，劫掠厨房架子上的糖和剩饭剩菜，甚至还会嚼碎壁纸和书籍。

夜晚的"吸血鬼"

臭虫可以随时潜入我们的房屋并安家落户。熟睡的人呼出的二氧化碳和身体散发出的热量都吸引着它。顺着这些信息的指引，臭虫能找到人体皮肤最薄的地方，用口器刺穿皮肤，直达毛细血管，吸食血液，同时在伤口处注入抗凝血物质。臭虫叮咬过的地方会出现红点儿，注入人体的抗凝血物质会让部分人发生过敏反应——皮肤上起红疹。除此之外，被叮咬部位还会发痒。要将这种吸血的昆虫从家里彻底清除掉，我们必须求助于害虫防治专家，否则夜间就会持续受到臭虫的袭击。

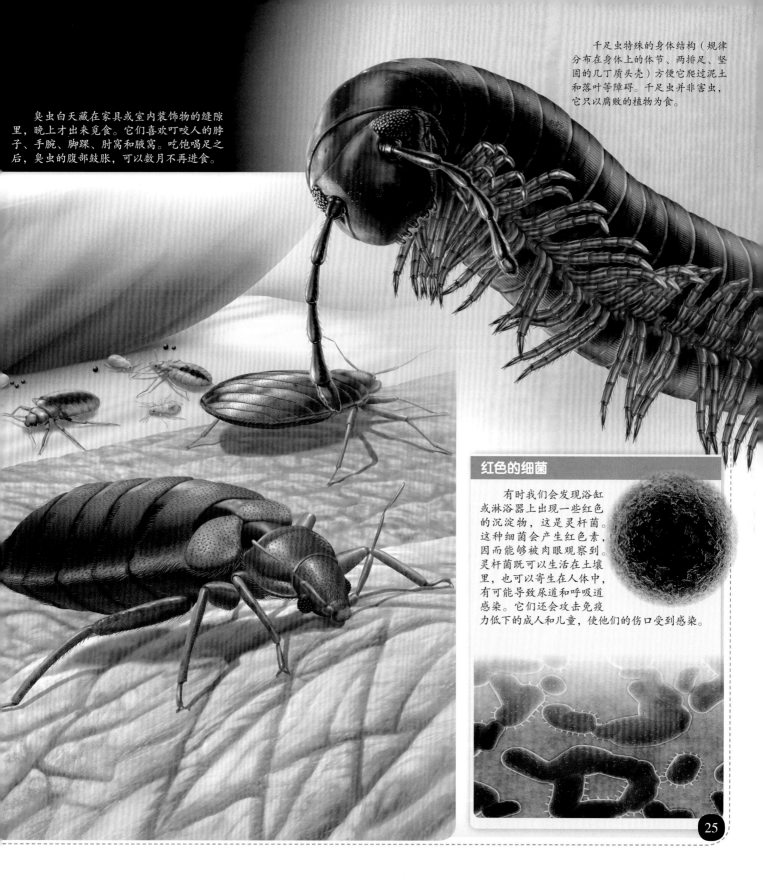

千足虫特殊的身体结构（规律分布在身体上的体节、两排足、坚固的几丁质头壳）方便它爬过泥土和落叶等障碍。千足虫并非害虫，它只以腐败的植物为食。

臭虫白天藏在家具或室内装饰物的缝隙里，晚上才出来觅食。它们喜欢叮咬人的脖子、手腕、脚踝、肘窝和腋窝。吃饱喝足之后，臭虫的腹部鼓胀，可以数月不再进食。

红色的细菌

有时我们会发现浴缸或淋浴器上出现一些红色的沉淀物，这是灵杆菌。这种细菌会产生红色素，因而能够被肉眼观察到。灵杆菌既可以生活在土壤里，也可以寄生在人体中，有可能导致尿道和呼吸道感染。它们还会攻击免疫力低下的成人和儿童，使他们的伤口受到感染。

25

尘土和水中的兵团

枕边伙伴

在温暖潮湿的环境中，细菌繁殖很快，昆虫也长得很快。春末或初秋，气候多温暖潮湿，这是尘螨暴发的时期。多数尘螨都寄居在床榻、软垫椅、扶手椅和沙发这种和人们长时间接触的室内物品。这些尘螨以人身上的皮肤碎屑和皮肤上寄居的微小真菌为食。夜晚，当人们入睡后，人身上的尘螨多得不可思议。

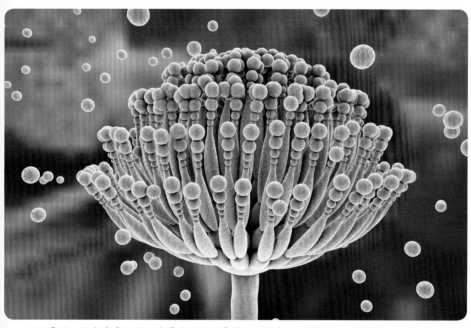

黑曲霉是一种家中常见的黑色霉菌。这种霉菌不仅能感染洋葱、果脯、葡萄干、无花果和大枣等食物，还能藏身于洗衣机里。不过，只要我们用氯气和柠檬酸对洗衣机进行消毒，就可以阻止霉菌在洗衣机里继续散播毒孢子了。

法老的诅咒

长时间以来，人们错误地认为，那些打开了法老坟墓的盗墓者之所以会命丧黄泉，是因为他们的行为打扰了法老死后的安宁，受到了法老的诅咒。现代医学对此现象给出的诸多解释之一是，这些盗墓者是由于吸入了曲霉属真菌的孢子才毙命的，其中包括黑曲霉。这些真菌会入侵免疫力低下者的肺部、内脏和骨骼，造成严重感染，最终导致患者死亡。要知道，即使历经千年，墓冢中陪葬食物上的霉菌孢子，仍旧保持着极高的传染性。

军团菌

自然水域中有军团菌，直接饮用被军团菌污染的水不会致病。但是，当人吸入飘浮在空中的带有这种细菌的微小水汽时，就会引发肺部炎症。军团菌会导致军团菌病，症状有呼吸困难、发热、头痛、肌肉疼痛和干咳等，可用药物进行治疗。

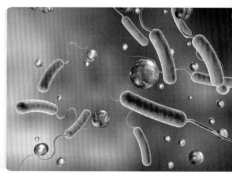

雌性尘螨交配后大概在一个半月里平均产卵80枚。在20~25℃、潮湿的环境中，只需19~30日，尘螨卵就能够孵化并长大。炎热干燥的季节，尘螨的数量会减少。

加速军团菌传播的其中一个因素是不恰当地使用空调，因为空调可能将充满军团菌的小水汽扩散到空气中。

肺炎会导致肺泡积液。人体氧气和二氧化碳的交换是在肺泡壁上进行的，因此，肺泡积液会使肺泡壁面积不断减小，这样就会导致病人出现呼吸短促的症状。

尘螨过敏

飘浮在空气中的螨虫和它们的排泄物被人体吸入后，大部分会在鼻腔中被过滤掉，气管上的纤毛会将这些尘螨带入咽部，被吞咽到胃部后就会被胃液消化掉。螨虫的尸体和排泄物含有引起过敏的物质，因而有可能导致某些敏感体质的人出现类似于花粉过敏的症状，如流鼻涕、流眼泪等。

食品柜里的劫掠者

蠕虫泛滥

我们通常会把干豆、核桃、花生、葡萄干、干面条、巧克力、面粉等放在食品柜里，用的时候再拿出来。但有时候，当我们打开柜子，拿出食品塑料袋或包装纸时，会看到里面全是蠕动着的虫子。印度谷螟把卵产在食物包装袋上或附近，幼虫孵化后就以包装袋中的食物为食。通常情况下，印度谷螟幼虫会吐丝将食物包裹成团。黄粉虫的幼虫以面粉、谷物粗粒为食，正是它们的排泄物和蜕的皮污染了我们的食物。

粮食杀手

小麦象鼻虫最喜欢的食物是小麦、大麦、黑麦和玉米，当然它们也吃小米、大米、花生、干面条和面粉。如果您的食品储藏柜已经开始遭受这些虫子的侵扰，那么您唯一的选择就是把所有的食品都扔掉，彻底清空食品储藏柜。因为它们能够轻而易举地在食品袋和包装纸上咬出一个个小洞，吃光你的存粮，所以，为了预防这些粮食杀手，我们最好将新购买的食品装入塑料容器或玻璃容器中。

家里的印度谷螟要么是自己飞进来的，要么是藏进食物里被人带进来的。

我们可以在宠物店里买到黄粉虫的幼虫，这些幼虫是某些家养宠物（比如鸟类和爬行动物）的美食。

天气凉爽的时候，小麦象鼻虫可以在没有食物的情况下存活长达一个月，但冰箱里的低温却超出了它们的承受范围。因此，我们可以把面粉和谷物放进冰箱里预防小麦象鼻虫。这样一来，无论是卵、幼虫还是蛹，都会被冻死。

还有一些虫子是藏在水果里被带进房屋的，最常见的是蠼螋。这种杂食性昆虫白天藏在屋子里的潮湿处，比如浴室，晚上才出来活动觅食。

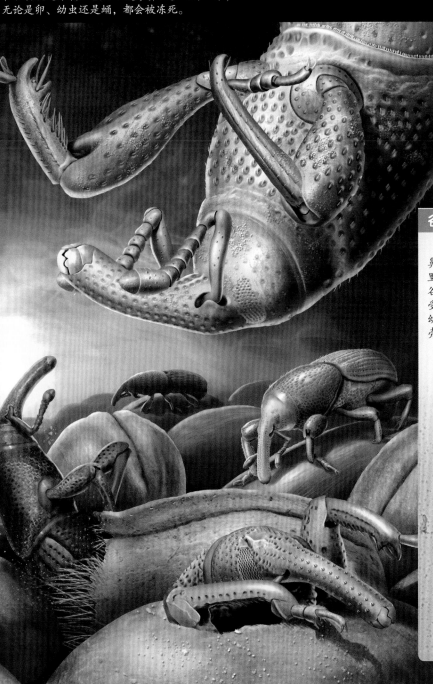

谷粒内部

小麦象鼻虫不仅吃谷粒，还在谷粒中繁殖。雌象鼻虫用吻端的咀嚼式口器在谷粒中钻个洞，把卵产在里面，再分泌出蜡样物质将其密封。幼虫孵化后就以谷粒为食，但只吃里面，不破坏外壳。这样一来，遭受虫害的谷粒与正常的谷粒看起来就没有任何区别了。幼虫化蛹、变成成虫后就会咬破蛹壳和薄薄的谷粒外壳，从"摇篮"中钻出来。

谷粒中丰富的蛋白质组织为小麦象鼻虫幼虫提供了必需的营养。

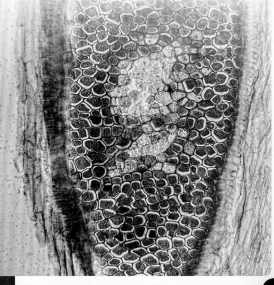

衣服和家具破坏王

动物皮毛破坏者

如今，动物皮毛制成的衣服不像以前一样流行了，但是有些人的衣柜里仍然有这样的衣服，它们很容易成为皮蠹幼虫的破坏对象。攻击真皮和羊毛制品的昆虫除了口味类似之外，对生存环境的要求也差别不大。皮蠹的成虫生活在室外，靠采集花粉、吸食花蜜为生，但会将产卵地点选在室内，幼虫孵化以后就开始大搞破坏。当和同样藏身于地毯上的书虱和尘螨相遇时，皮蠹幼虫的身体就会竖起锋利的几丁质毛，看起来就像刺猬一样。

全身覆盖着几丁质毛的小圆皮蠹幼虫。

小圆皮蠹长2.5~3.8毫米，破坏能力极强，甚至可以对自然历史博物馆中珍藏的生物标本造成破坏。

伪蝎与真的蝎子一样，都长有钳子，外形看起来十分相似。有一种伪蝎，身长3~4毫米，喜欢藏在书卷里，专门捕食书虱。

在热带地区，白蚁对木质建筑物的损害尤为严重。

小蠹虫只破坏活树，窃蠹科昆虫的幼虫则会蛀蚀木质家具和房屋构件。

衣蛾幼虫长有发达的下颚，连结实的纺织品都可以嚼烂。如果衣服、被单上出现了小洞洞，我们就基本可以确定家里存在这种小生物。

薰衣草的魔力

衣蛾在羊毛、真皮和羽毛制品上产卵后，只需5~10日，幼虫就会孵化出来，以这些真皮和羊毛为食。因此，一旦发现家里有衣蛾在飞，我们就必须立刻打开衣柜检查衣物。在衣物上孵化的衣蛾幼虫会利用纺织纤维把自己裹起来，将这个利于伪装的保护壳当作住所，走到哪里带到哪里。不久之后，幼虫就会化蛹并最终变成衣蛾。衣蛾成虫不会损害衣物，它们只干两件事：飞行和繁殖。衣蛾不喜欢薰衣草的味道，因此，只要把干燥的薰衣草花或一块滴有薰衣草精油的布放在衣柜里，就能保护衣物。

死亡时钟

过去人们一直认为，夜间旧房子里发出的嘀嗒声是"死亡时钟"的声音，它预示着一位病入膏肓的老人即将逝去。然而，科学研究表明，这些嘀嗒声是一种噬咬木头的蛀虫——报死虫发出的。交配的季节，雄性和雌性报死虫依靠敲打前胸互相交流，制造出了类似钟表嘀嗒的声音。

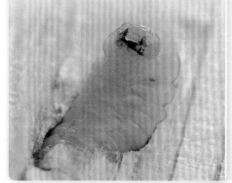

无论是家具窃蠹的成虫还是幼虫，都会在木头上钻孔，它们都以木材碎屑为食。

31

寄生在人和动物身上的小怪物

　　只要听到蜜蜂的名字，我们就会感觉嘴巴里甜丝丝的，脑子里就会浮现出小蜜蜂可爱的样子。蜜蜂对于开花植物的授粉过程至关重要，只有完成了授粉，植物才能顺利结出果实。寄生虫泛滥会导致蜜蜂数量急剧缩减。其中，对蜜蜂的生存威胁最大的寄生虫是大蜂螨。它们会吸附在蜜蜂的腹部，吸食蜜蜂的体液，它们的繁殖也完全依靠蜜蜂。

A　　在工蜂喂养幼虫的过程中，附着在它身上的大蜂螨就会爬出来，钻进抚幼室中。

B　　雌性大蜂螨附着在蜜蜂幼虫身上，待蜜蜂幼虫孵化后，它开始产卵，总共产下约6枚卵。其中1枚会孵出雄性大蜂螨，其他都会孵出雌性。

C　　蜜蜂幼虫化蛹时，大蜂螨幼虫也孵化出来了，它们以蜂蛹为食。当唯一的那只雄性大蜂螨和雌性中的一只具备繁殖能力时，它们就会互相交配，继续繁育后代。

D　　蜜蜂飞出蜂巢的时候，受精的那只雌性大蜂螨会迅速爬到它身上，和蜜蜂一起离开。而那只雄性大蜂螨和剩余的处在不同发育阶段的雌性大蜂螨则留在蜂巢里。

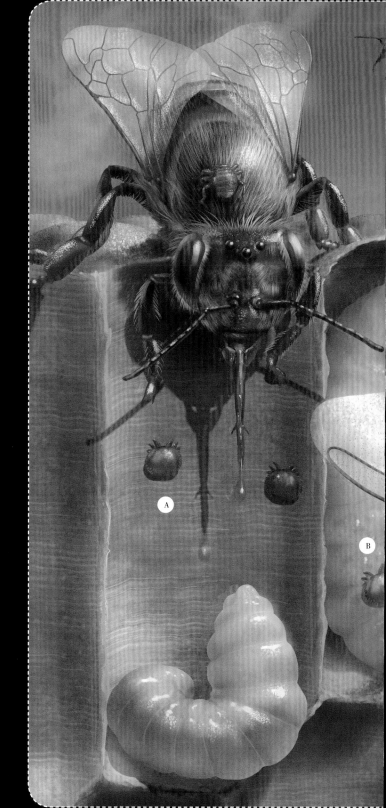

虱子的攻击

虱子身长2.5~4.5毫米，很容易通过梳子、椅套或身体接触等途径快速传播。因此，人类很容易受到虱子的骚扰。虱子多寄生在人的头皮上，靠吸食血液为生。吸血的同时，它们还会在伤口处注入抗凝血剂，刺激宿主的皮肤，令宿主奇痒不安。虱子具有强大的繁殖能力。雌虱将椭圆形的卵产在人体鬓角和脖子后面的发根上，用蛋白质将头发和卵裹在一起。经过5~8日，虱子幼虫就能孵化出来；再过2~3周，长大的虱子就可以繁殖下一代了。

大多数的绒螨在幼虫阶段都是寄生的，有些寄生在昆虫身上，有些则靠吸食鸟类、哺乳动物的血液为生。绒螨成虫则靠猎捕其他昆虫为生，是纯粹的肉食动物。

头虱有三对强壮的腿，腿末端长着钩状的爪，可以紧紧地抓住发丝。一旦离开了旧宿主，并且在48个小时内没能成功找到新宿主，头虱就会因为没有新鲜的血液供应而无法存活。

毛囊蠕形螨足体粗粗，腹部局于细长，外形和蛆虫类似。它们的身体形态非常适合特殊的生存环境——狭窄的毛囊。

面部

毛囊蠕形螨寄居在我们脸部的毛囊里，以毛囊中的皮脂腺分泌的蜡状物质为食。通常情况下，一个毛囊可供4只螨虫寄居，它们的寿命只有短短15天。

当长约2毫米的红绒螨幼虫附着在人体皮肤上吸食组织液时，会引发皮疹，使皮肤瘙痒。成虫则以捕食小型节肢动物和它们的卵为生。

摆脱头虱

头虱成虫会根据宿主的发色改变身体的颜色，而且头虱卵透明发亮，人们很难发现它们的踪迹。虱卵孵化后，卵壳会变成奶白色，这时候我们才能用肉眼看到。一旦发现头虱，我们既可以用抗虱洗液将其除去，也可以用细齿梳（篦子）一点一点把它们从头发上梳下来。

警告标志

　　微观世界里的小生物们，寄居的对象除了人，还有家里的宠物。大多数寄生虫对宿主都是有害的。更重要的是，猫和狗身上的寄生虫很容易传染给人类。疥螨会引起疥疮，这会让人产生剧烈的瘙痒。疥螨寄生于皮肤的表皮层下，用肉眼只能看见一条又细又暗的线。雌性疥螨交配后钻入皮肤，在自己开凿的皮下隧道中产下20~50枚卵。这些卵孵化后，接着又会寻找新的"领地"或新宿主。蚤类寄生虫很容易就能找到新的宿主，这要归功于它们强大的跳跃能力。

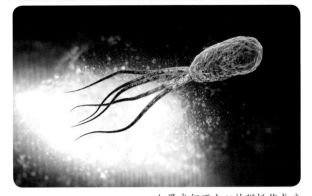

　　如果我们不小心被猫抓伤或咬伤了，猫唾液中携带的汉塞巴尔通体菌就有可能侵入人体，引起猫抓病。猫抓病的病症表现为发热、头痛和淋巴结肿大。但如果被咬的人免疫系统足够强大，这种病也能不治而愈。

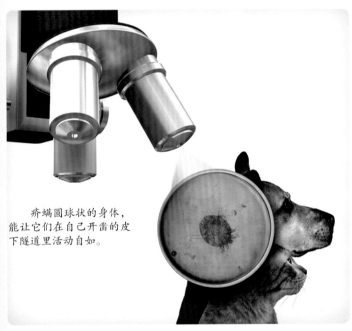

疥螨圆球状的身体，能让它们在自己开凿的皮下隧道里活动自如。

钩虫幼虫传染犬类的途径有两种：一是被犬类吞食，二是钻入犬类的皮肤。钩虫幼虫长大后就会钻入小肠，破坏黏膜组织，吸食血液。

贪得无厌的"吸血鬼"

　　寄生虫的宿主既可以是猫，也可以是狗，还可以是人。如此丰富多样的选择，能缩短寄生虫寻找合适宿主的时间，比如猫蚤也可以寄生在狗和人身上。寄生虫叮咬宿主的皮肤，会导致宿主的皮肤出现红色斑块，并且瘙痒难耐。寄生在人类皮肤上的跳蚤所吸食的血液，远远多于它们的需求，因此它们会将未消化的血液排出体外。

马、牛、羊等牲畜携带了一种单细胞寄生虫——卡氏肺孢子虫。一个健康的人被感染后会导致轻度肺炎。对免疫系统比较弱的人群来说，这种感染甚至可能致命。

反击

雌性跳蚤在宿主身体上产卵，几个小时之后，这些卵就会散落在地板各处。几天后，卵就会孵化出蛆一样的幼虫。要根除这些跳蚤，必须从源头着手，消灭幼虫。首先应该到宠物医院彻底清理掉宠物身上的跳蚤，然后用吸尘器清除隐藏起来的幼虫，并对吸尘器进行消毒。消灭跳蚤对人类健康非常重要，因为有些跳蚤携带着多种病原体。

猫蚤的足端长有锋利的爪子，头部长有梳状的几丁质毛，这有利于它们牢牢抓住毛发。它们的后肢修长发达，善于跳跃，一跃一般可达18厘米高、45厘米远。

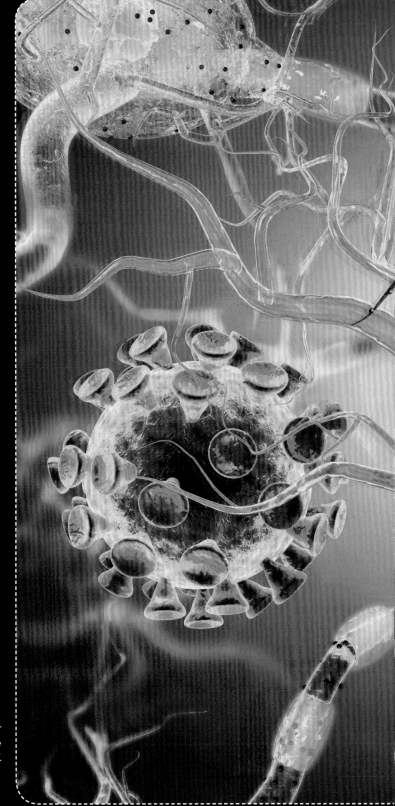

　　有些病毒攻击的对象是宿主的神经系统，比如导致小儿麻痹症的脊髓灰质炎病毒等。如果脑膜被感染，就会引发脑膜炎；但如果脑膜和神经细胞同时被感染，则会引起脑炎。

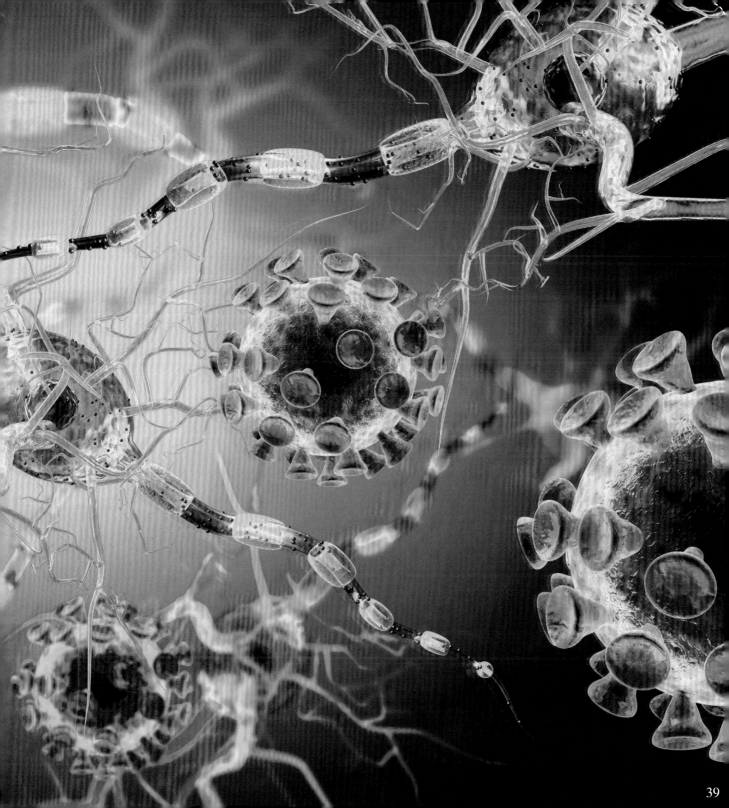

叮咬

单细胞病原体疟原虫离开其寄生的红细胞。

传播疾病的吸血动物

有些节肢动物并不大，却是真正的"吸血鬼"。被这些小虫子咬上一口，不仅会感到不适，甚至可能感染严重的疾病，它们会将致病微生物传染给健康的人。在热带地区，按蚊（又称疟蚊）就是导致疟疾的单细胞生物体——疟原虫的传播媒介。被携带疟原虫的蚊子叮咬后，疟原虫就会进入人体血液，侵入红细胞，吸收红细胞中的能量进行生长和繁殖。最终，红细胞破裂，疟原虫继续在血液中扩散。疟疾通常的症状是浑身发冷、发烧和出虚汗，严重者甚至有生命危险。

昏睡病流行于非洲中部，是由一种叫作锥虫的寄生虫引发的疾病，而锥虫是通过舌蝇传播的。进入人体血液之后，锥虫就开始大量繁殖，攻击人体大脑，致使患者出现以下症状：反应迟钝、嗜睡、头痛、发烧和瘫痪。如不及时治疗，就可能死亡。

蜱虫的攻击

蜱虫爬到人身上之后，通常附着在腘窝、腋窝或腹股沟等处。一旦碰触到皮肤，蜱虫就会抬起身体的后半部分，用鱼叉一样的口器刺入皮肤，再用锯齿状、带沟槽的垂唇加深伤口，吸食血液，直到吸饱胀大为止。蜱虫叮咬的过程中，宿主并不会感觉到任何疼痛，这是因为蜱虫的唾液中含有麻醉物质，这些麻醉物质会通过蜱虫的垂唇进入人体。除此之外，蜱虫的唾液中还含有抗凝血剂，因此它们能连续几天不停地吸血。

蜱虫是许多种疾病的传播媒介，它既能传播会引起脑炎、脑膜炎的病毒，又能传播细菌，如导致莱姆病的伯氏疏螺旋体。

蜱虫躲在草叶上静静等待，通过动物的气味和体温搜寻潜在的宿主，这就是蜱虫的生存之道。蜱虫的肠道可以膨胀，因而能够一次性吸食大量的血液。雌性在产卵前能够吸食相当于自身体重一百多倍的血液。

舌蝇并不是传播昏睡病的唯一媒介，导致昏睡病的锥虫有些是以昆虫为宿主的。

狂犬病

狂犬病病毒

　　宠物狗每年都必须接种疫苗，其中就包括狂犬病疫苗。如果人被打过狂犬病疫苗的狗咬伤，一般是不会患上狂犬病的。

　　狐狸是狂犬病的主要传播者之一，但其他的野生动物也有可能携带这种病毒。如果家里的宠物狗或宠物猫被携带狂犬病病毒的野生动物咬伤，那么宠物就有可能将病毒通过唾液传染给人。但患者如果被咬后几个小时内就接种狂犬病疫苗，便不会发病。一旦患者出现了狂犬病的症状——高烧、出现幻觉、流口水，就无法治愈了。另外，被未打过狂犬病疫苗的流浪猫、狗咬伤，人也可能被传染狂犬病病毒。

病毒携带者

狐狸　　狼

狗

41

疫苗的保护

天花病毒曾经引发人类历史上具有毁灭性的传染病之一：天花。

可怕的天花

如今，能够通过接种疫苗预防的疾病已经很多了，比如腮腺炎、风疹甚至狂犬病等。然而，在18世纪末，包括天花在内的许多传染病都是致命的。一位英国医生爱德华·詹纳发现挤奶的女工从不患天花，却会感染一种类似于天花症状却比天花轻得多的疾病——牛痘，这种疾病就是她们不被天花病毒感染的原因。1796年，爱德华将从一个挤奶女工牛痘脓包中取出的物质，注射给了一位勇敢的男孩——詹姆斯·菲普斯。这孩子患了牛痘，但6周之后就康复了。詹纳又给他接种了天花，但孩子并没有出现天花症状。

接种到体内的物质就是疫苗。疫苗的英文"vaccine"是将英国医生爱德华·詹纳的名字"Jenner"和拉丁语"vacca"（牛）糅合在一起的结果。

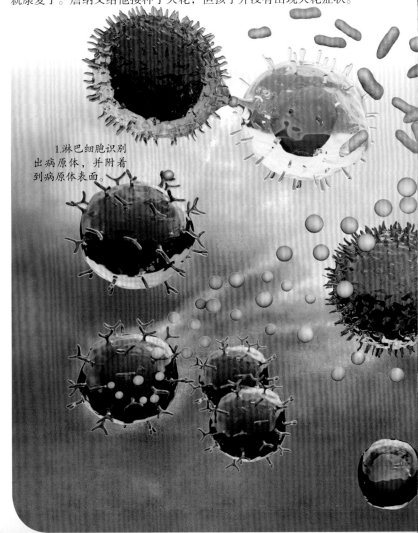

1.淋巴细胞识别出病原体，并附着到病原体表面。

免疫

由某种病原体引发的疾病（比如水痘）一经治愈，患者恢复健康后就会对这种疾病永久性免疫，即永远不会再得这种病。永久免疫的原因在于，当感染发生时，免疫系统的"士兵们"——淋巴细胞（白细胞的一种）就开始加速分裂，因而浆细胞和记忆细胞也会增加。浆细胞使病原体失去活性，记忆细胞会将病原体牢牢"记住"。因此，如果同样的病菌再次入侵，浆细胞就会阻止病菌生长繁殖。

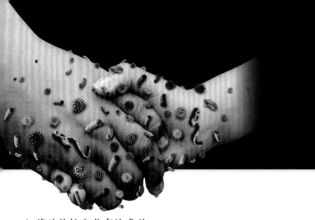

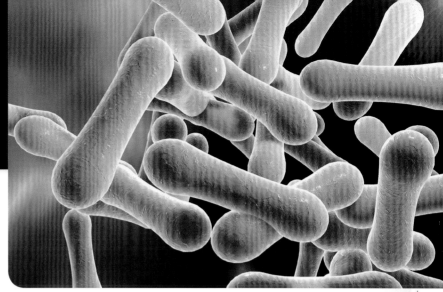

细菌的传播方式有许多种，包括接触传播和飞沫传播。当细菌携带者打喷嚏或咳嗽时，就会排出带有病原体的飞沫，这些飞沫被易感者吸入后会造成新的感染，这就是飞沫传播的过程。

一旦发现病菌，人体中的两种白细胞——淋巴细胞（记忆细胞和浆细胞）和吞噬细胞就会开始攻击它。

白喉杆菌是引起白喉的病原菌。白喉杆菌会在喉部形成灰白色膜状物，阻塞呼吸道，造成呼吸困难，最终引发窒息。

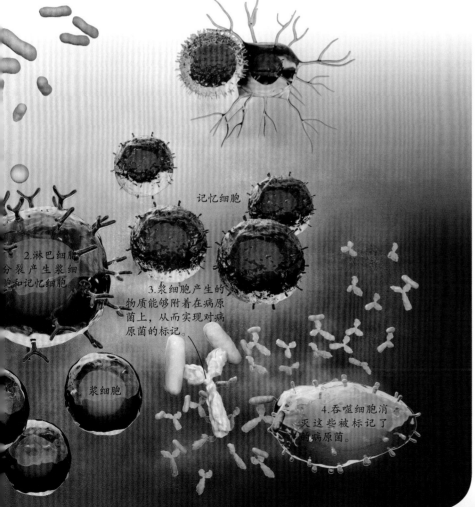

记忆细胞

2.淋巴细胞分裂产生浆细胞和记忆细胞。

3.浆细胞产生的物质能够附着在病原菌上，从而实现对病原菌的标记。

浆细胞

4.吞噬细胞消灭这些被标记了的病原菌。

救命的疫苗

接种疫苗，其实就是将弱化后的病原微生物注射到接种者的身体中，以起到激活免疫系统的作用。记忆细胞处理疫苗中微量病原微生物的方法，和对付真正感染的方法如出一辙。只不过，接种的疫苗大部分情况下都不会让接种者产生任何发病症状，只有少数人会出现轻微的症状。这就是人类对抗小儿麻疹、腮腺炎、风疹、白喉、脊髓灰质炎、结核病的方法。不同的疫苗，其最佳接种年龄也不同，有些疫苗还必须按一定的时间多次接种。

大自然中的微型居民

　　微观世界的小生物生活在土壤、淡水、咸水等所有能够供其生长繁殖的环境中，有些把家安在其他动植物的身上，比如瘿蜂。瘿蜂将卵产在橡树芽、叶或花上，会导致植物细胞生长加快，而增生后的植物组织，又为虫卵提供了食物来源和安全的生长环境。

A　　瘿蜂独特的虫瘿，中间包裹着的就是幼虫。

B　　有些雌性昆虫会直接把卵产在现成的虫瘿里，让自己的幼虫和瘿蜂的幼虫共享一个家。这种共享式虫瘿，可以从它的边缘部位分辨出来。

C　　长约6.5毫米的雌性小蜂，将长长的产卵器刺入虫瘿中产卵，而虫瘿中的瘿蜂幼虫将成为小蜂幼虫的食物。

D　　一片老树叶背面的瘿蜂虫瘿。

E　　橡树花上的瘿蜂虫瘿。

F　　橡树枝上的瘿蜂虫瘿。

G　　橡子上的瘿蜂虫瘿。

H　　橡树瘿蜂身长2毫米，喜欢在橡树芽上产卵。

I　　身长4~6毫米的橡实象虫在橡子上钻洞产卵，孵化后的幼虫就以橡子为食。

45

水中生物

大量不同类型的细菌聚集在间歇泉周围，形成鲜亮的黄色、蓝色、绿色和红色环状带，这些细菌在85℃的高温中也能生存。

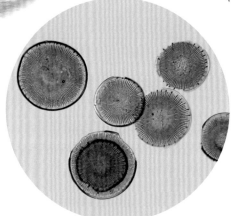

食物链中不可或缺的一环

数量繁多的微生物是生态系统的基础，许多微生物生活在淡水或咸水中，大部分无法用肉眼看见。就像陆地上的植物一样，海水和淡水表层也生活着能够利用阳光进行光合作用的微生物，它们被统称为浮游植物，比如硅藻类、甲藻类和绿藻类等。这些浮游植物是诸如轮虫和桡足类浮游动物的美食，这些浮游动物又是小型鱼类的主要食物来源，而小型鱼类又是大型鱼类的盘中餐。食物链越向上，就越会出现更大型的食肉动物，食物链的顶端则是顶级掠食者。

硅藻死亡后，它们的遗体会变成二氧化硅沉淀到水底，有的地方沉淀层达到几米厚，这种沉淀物质就是硅藻土。

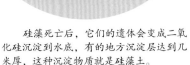

虎鲸

格陵兰海豹

北极鳕鱼

"独眼巨人" 剑水蚤

剑水蚤是以古希腊神话中独眼巨人的名字命名的。作为2~3毫米长的浮游动物，剑水蚤远称不上巨人，但确实是独眼。剑水蚤是通过摆动腿部游动的，看起来像是在跳跃。雌性剑水蚤的卵藏于腹部两侧的卵囊中。

滤食性桡足类动物主要靠过滤水体中的浮游生物为食。

数十亿吨浮游生物处在海洋食物链的最底端，是食物链不可或缺的一环。

浮游动物

浮游植物

微鲤是鲤科的一种，身长一般只有8毫米，曾被认为是世界上最小的鱼类和最小的脊椎动物，以浮游动物为食。

淡水水螅身长8~20毫米，触须上的刺细胞能够将毒液注入水蚤等猎物的体内。

生命力超强的水熊虫

水熊虫大多数身长0.3~0.5毫米，生活在海洋、淡水以及有地衣和苔藓的积水中。大多数水熊虫以植物细胞液为食，进食时会用尖利的口器刺穿植物细胞的细胞壁，然后调动咽部的肌肉吸食细胞液。一旦处在恶劣的生存环境中，比如周围的植物都枯死了，它们就会停止新陈代谢，进入隐生状态。这使它们能够在-270℃~100℃的极端环境下生存。人类曾经将两种水熊虫送入太空，返回地球后，它们仍然可以"复活"。

水熊虫有四对脚，末端有爪子，方便它们在藻类和苔藓上爬行。

土壤中的居民

人们接种破伤风疫苗，是为了防止在接触被污染的土壤时，细菌由伤口侵入人体，造成严重感染。这种致命疾病的病原体是破伤风梭菌，其孢子可藏身于土壤中。

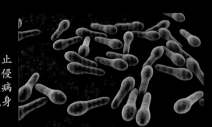

分解者

土壤中有种类繁多的生物，它们大多数是食腐动物（以死亡有机物为食的动物）和腐生生物（以死亡或腐烂的物质为食的植物、真菌或微生物），一些微型节肢动物、蠕虫、细菌和真菌，能够分解死亡的动植物，这对整个生态系统至关重要。这一过程使死亡有机体中的氮和碳等元素进入土壤中，成为可以重新利用的重要养料。千足虫和跳虫就是这样的分解者。

这种颜色鲜亮的跳虫可以长到8毫米长，可以说是最大的跳虫了。

弹跳技术

跳虫得名于它叉状的弹器，弹器长在第四腹节末端，通常收在第三腹节下的握弹器中。一旦感觉到威胁，跳虫就会拱起身子打开弹器，瞬间将自己弹到空中。在飞行中，跳虫会将弹器收回握弹器中。跳虫弹跳的高度是自己身长的几百倍，相当于一个人从平地一下子跳到324米高的法国埃菲尔铁塔上去。

碳、氮循环

植物细胞的分子是由碳和氮组成的，这些也是植物生长所需要的养分。植物从大气的二氧化碳中获取碳，二氧化碳在光合作用中转化为有机物。植物是食草动物获取碳的来源，也是食物链中的其他生命体获取碳的间接来源。氮以气体形态存在于大气中，并不能被植物直接吸收。但是，土壤中的固氮细菌如根瘤菌、巴氏梭菌等，能够将氮转化为亚硝酸盐和硝酸盐，为植物所吸收。根瘤菌也在豆科植物（如紫花苜蓿和豌豆）的根瘤中与其共生，为共生植物提供生长所需的氮元素。

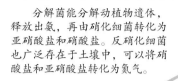

分解菌能分解动植物遗体，释放出氨，再由硝化细菌转化为亚硝酸盐和硝酸盐。反硝化细菌也广泛存在于土壤中，可以将硝酸盐和亚硝酸盐转化为氮气。

雌性大蚊既可以把卵产在水中，也可以产在土壤里。幼虫以植物根茎为食，因此会对农作物造成严重危害。

根瘤里的固氮菌

大气中的氮气（N2）

死亡生物的遗体

反硝化细菌

氨（NH₃）

硝化细菌

硝酸盐

亚硝酸盐

土壤中的固氮菌

分解菌

世界上已知最小的昆虫之一柄翅卵蜂是一种寄生蜂，雄性柄翅卵蜂身长一般只有约140微米，雌蜂身长约200微米，长有翅膀，可以飞行。身长约3毫米的树皮虱是柄翅卵蜂的宿主，柄翅卵蜂的繁殖完全依赖于它。

A 树皮虱在针叶树树干的缝隙中产卵。

B 雌性柄翅卵蜂挑选一枚树皮虱卵，将产卵器插入树皮虱的卵中，产下自己的卵，这些卵会孵出1只雌性和1~3只雄性后代。

C 孵化出的雄性柄翅卵蜂都是瞎的，也没有翅膀，它们在树皮虱的卵中使孵化出的唯一的雌性柄翅卵蜂受精。完成任务后，它们就死掉了。也就是说，雄性柄翅卵蜂从来不会离开宿主的卵。

D 受精的雌性柄翅卵蜂咬破树皮虱的卵爬出来，然后到处飞行，找寻另一枚完好的树皮虱卵，繁殖自己的后代。

2.榕小蜂在一些花里产卵，这些花会变成瘿花，专供榕小蜂的卵在其中孵化。

1.受精的雌榕小蜂从未成熟的无花果底部的小洞钻进去，小洞口随后就会关闭。

共生

多数微小的动物，都喜欢选择不同寻常的地方安家。潜叶虫的幼虫会在多种树的叶子上啃出一条条"地道"，悠闲地在里面安家，人们视之为害虫。而有益的无花果榕小蜂就是在无花果里长大的，雌性榕小蜂能给无花果授粉。这种共生关系对昆虫和植物来说，都是十分有益的。首先雌性榕小蜂进入无花果中，它身上所携带的花粉会沾到无花果雌花的柱头上，为雌花授粉。然后，雌榕小蜂在花里产卵，有的孵化出雌榕小蜂，有的孵化出雄榕小蜂。雄榕小蜂与雌榕小蜂交配后，雄榕小蜂不会离开无花果，而受精后的雌榕小蜂则会从雄花中收集花粉，去为另一棵无花果树授粉并繁衍后代。

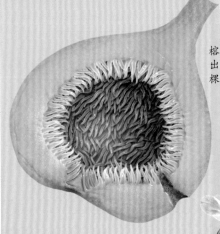

4.雌榕小蜂羽化后，会从雄榕小蜂凿好的小洞中钻出（钻出时会沾上花粉），找寻另一棵无花果树产卵。

3.先孵化出来的雄榕小蜂会找到雌榕小蜂交配，使之受精。随后，雄榕小蜂会在无花果上咬开一个小洞作为雌榕小蜂离开的通道，然后雄榕小蜂就在无花果中死去。

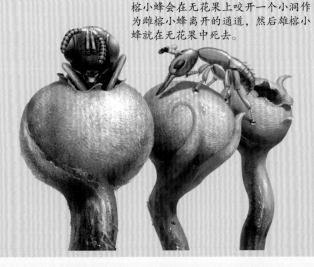

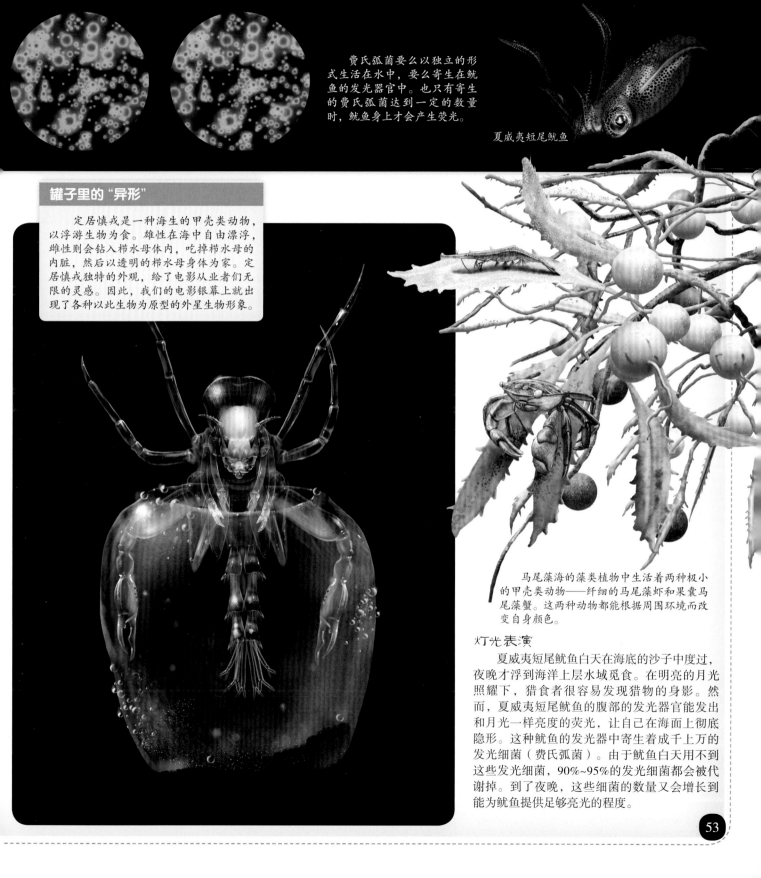

费氏弧菌要么以独立的形式生活在水中，要么寄生在鱿鱼的发光器官中。也只有寄生的费氏弧菌达到一定的数量时，鱿鱼身上才会产生荧光。

夏威夷短尾鱿鱼

罐子里的"异形"

定居慎戎是一种海生的甲壳类动物，以浮游生物为食。雄性在海中自由漂浮，雌性则会钻入栉水母体内，吃掉栉水母的内脏，然后以透明的栉水母身体为家。定居慎戎独特的外观，给了电影从业者们无限的灵感。因此，我们的电影银幕上就出现了各种以此生物为原型的外星生物形象。

马尾藻海的藻类植物中生活着两种极小的甲壳类动物——纤细的马尾藻虾和果囊马尾藻蟹。这两种动物都能根据周围环境而改变自身颜色。

灯光表演

夏威夷短尾鱿鱼白天在海底的沙子中度过，夜晚才浮到海洋上层水域觅食。在明亮的月光照耀下，猎食者很容易发现猎物的身影。然而，夏威夷短尾鱿鱼的腹部的发光器官能发出和月光一样亮度的荧光，让自己在海面上彻底隐形。这种鱿鱼的发光器中寄生着成千上万的发光细菌（费氏弧菌）。由于鱿鱼白天用不到这些发光细菌，90%~95%的发光细菌都会被代谢掉。到了夜晚，这些细菌的数量又会增长到能为鱿鱼提供足够亮光的程度。

微观世界的一餐

黄金龟甲虫长5~6毫米，以牵牛花等旋花植物的叶子为食。

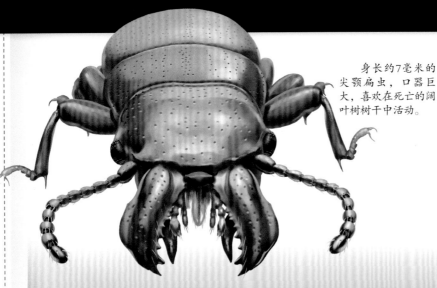

身长约7毫米的尖颚扁虫，口器巨大，喜欢在死亡的阔叶树树干中活动。

死亡跳跃

跳蛛（包括5~8毫米长的弓拱猎蛛）高超的捕食技巧基于敏锐的视力。跳蛛中间的一对眼睛可以将影像放大，外侧的眼睛则能够扩大观察范围。拥有如此强大的装备，跳蛛很容易就能发现潜在的猎物并精准定位，接着便用强壮的后肢跳起，准确地扑向猎物。跳蛛的弹跳距离一般可达身长的50倍，腿上的细毛有助于其安全降落。捕捉到猎物后，跳蛛就会用尖利的口器刺穿猎物，将毒液注入猎物体内，等猎物麻痹后再注入消化液，将猎物的各个组织器官分解成汁液后吸食。

弓拱猎蛛生活在潮湿的草丛中，通常会在白天捕捉蚂蚁、苍蝇以及其他昆虫。

蜘蛛的秘密

跳蛛腿的最后一节长有爪子，可以抓住粗糙的叶片。在电子显微镜下观察，我们发现，弓拱猎蛛腿部末端的细毛使它能够吸附在非常光滑的物体表面，几丁质的毛和物体表面之间形成了一种类似分子间黏合物的物质。它的黏性很强，一般能承受蜘蛛本身体重170倍的重量。

感染了虫草菌（一种子囊菌）的蝙蛾。

长7~9毫米的青叶蝉，喜欢吸食豆科、莎草科以及禾本科植物的汁液。

真菌杀手

虫草属的子囊菌是在宿主体内寄生的。虫草菌用菌丝穿透节肢动物的身体组织，并吸取动物体内的营养。然后，真菌会长出可以释放孢子的子实体。有些寄生真菌甚至能影响宿主的行为，比如控制宿主在死亡之前用尽全力爬到树冠处，因为那里的温度和湿度比较适合真菌孢子的繁殖。

鱼的噩梦

鱼虱是鱼身上的一种寄生虫，会攻击包括鲤鱼在内的许多种鱼。鱼虱身体扁平，长有吸盘，专门用于吸附在宿主身上。鱼虱特殊的口器有利于吸食宿主的血液和组织液。饱食一顿之后，它就会从鱼身上脱落，继续藏身于水草中，等再次饥饿时寻找下一个受害者。虽然鱼虱的寄生行为对成年大鱼的影响不大，但却对未成年的鱼有害，因为鱼虱咬过的伤口容易被细菌和真菌感染，可能导致鱼的死亡。

当体长3~6毫米的鱼虱咬住鱼时，鱼感到非常不舒服，因而会试图通过摩擦或摇摆身体等动作甩掉身上的寄生虫。

某些昆虫的生命周期与其他生物紧密相关。比如烟草天蛾幼虫的生死，就取决于身长约3毫米的拟寄生昆虫——天蛾绒茧蜂。这种茧蜂能杀死以烟叶为食的烟草天蛾。这是对付烟草天蛾这种害虫有效的生物防御措施。

A 烟草天蛾用口器吸食烟草花的花蜜。

B 雌性天蛾绒茧蜂在烟草天蛾幼虫的尾部产卵。天蛾绒茧蜂的卵在烟草天蛾幼虫的身体里孵化后还会经历两次蜕皮。

C 第二次蜕皮后，天蛾绒茧蜂的幼虫就会咬破烟草天蛾幼虫的身体，附着在后者的身体表面，并吐丝结茧。不久之后，天蛾绒茧蜂成虫就会破茧而出。

D 烟草植物本身也演化出了防御烟草天蛾幼虫的方法。当烟草天蛾幼虫啃吃烟草叶时，烟草叶就会散发出特殊的气味，这种气味会吸引身长约3.5毫米、以烟草天蛾为食的大眼长蝽。

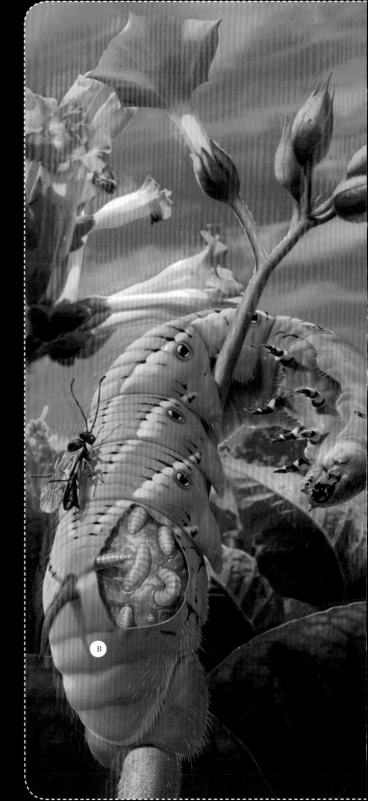

生命伙伴

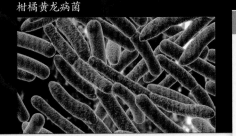
柑橘黄龙病菌

连锁反应

有些动物的口味非常刁钻，只吃一种或几种动植物。比如亚洲柑橘木虱，它只吸食柑橘类水果（比如柠檬和橘子）的汁液。这种木虱携带的黄龙病菌会给植物带来极大的损害。感染了这种细菌的果树，长出的果实又小又绿、味道苦涩，果树最终也会死亡。亮腹釉小蜂能够阻止柑橘木虱的繁殖，从而间接预防柑橘黄龙病的发生。雌性亮腹釉小蜂身长只有1毫米，它们将卵产在柑橘木虱的幼虫体内，孵化后的小蜂幼虫会吃掉木虱幼虫，然后在木虱幼虫体内结茧，破茧后将木虱幼虫外壳咬破飞出。

永不分离

在海洋的深处生活着一种琵琶鱼——独树须鱼，雌性一般身长8厘米，而雄性一般只有2厘米长。雄鱼最初在辽阔的海底独自游荡，找到雌鱼后就在雌鱼身上寄生。雄鱼咬破雌鱼的皮肤，将自己牢牢固定在它身上。它们的身体组织会渐渐融合，身体就连在了一起。一条雌独树须鱼身上有可能寄生多条雄独树须鱼，雄鱼唯一的任务就是使雌鱼受孕，以换取雌鱼提供的营养。

雄独树须鱼可以附着在雌独树须鱼身体上的任意一处。

亮腹釉小蜂的繁殖依赖于亚洲柑橘木虱，人类把亮腹釉小蜂作为消灭柑橘木虱这种害虫的武器。

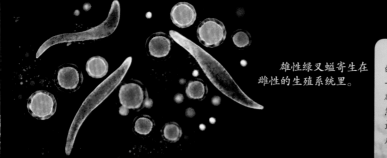

雄性绿叉蛲寄生在
雌性的生殖系统里。

雌性绿叉蛲身长一般约10厘米，但进食
的吻部可伸长到1.5~2米。雄性绿叉蛲身长
一般只有2毫米，寄生在雌性绿叉蛲体内。
雄性绿叉蛲幼虫首先寄生在雌性的长鼻中，
然后再转移到雌性的消化道中发育为成虫，
最后钻入雌性的生殖系统中，择机使雌性所
产的卵受精。

有益的病毒

尽管大多数病毒是致病的，但有些病毒能够攻击致病细菌，是
有益的。这些有益病毒被称为噬菌体。T4噬菌体是大肠杆菌的克
星。大肠杆菌寄居在结肠里，是无害的，并且能够生产维生素K，
但它的变种却会导致食物中毒和腹泻。T4噬菌体由头部和尾部组
成。T4噬菌体借助尾巴成功地附着在致病细菌表面，但只将头部的
遗传物质侵入致病细菌。随后，T4噬菌体开始繁殖。当新的T4噬菌
体合成后，致病细菌的细胞就会被分解。

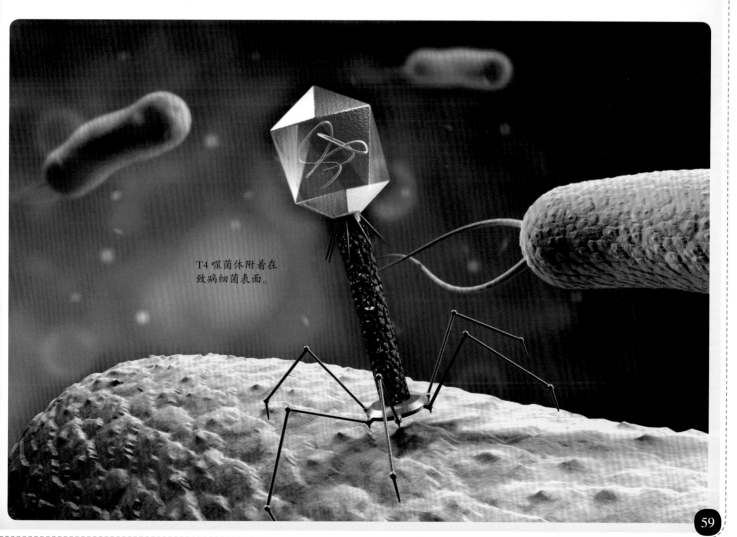

T4噬菌体附着在
致病细菌表面。

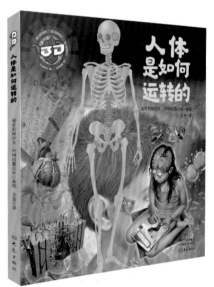

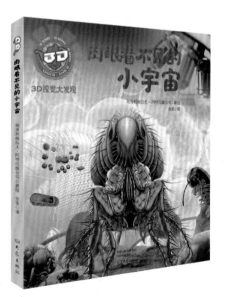

3D 视觉大发现

世界是如何运转的？万物是如何形成的？
透过 3D 眼镜，揭开天地万物背后运转的秘密……